科普漫畫系列

趣味漫畫 十萬個為什麼

植物篇

洋洋兔 編繪

新雅文化事業有限公司
www.sunya.com.hk

小淘

聰明、淘氣的小男孩，
好奇心極強，經常向叔叔提
出各種問題，其中不乏讓
叔叔「抓狂」的問題。

南南

小淘的妹妹，善良、
可愛，經常熱心地照顧和幫
助周圍的人。她也像大多數
女孩子一樣，愛打扮、
愛漂亮。

叔叔

十分博學，無論什麼樣的問題都能給予答案。他也很愛幻想，總覺得自己有一天能成為超級英雄。

布拉拉

來自誇啦啦星系的外星人，因為飛船出現故障被迫降落地球，被這個神奇而美麗的星球吸引住了，於是寄住在小淘家學習地球的文化。

一個外星人的奇遇

布拉拉在太空漫遊時，不小心迷失了方向，撞到了地球上（實際上是不好好學習自己星系的文化，被踢出來的）。他被地球美麗的景色所吸引，於是決定定居下來，開始拚命地學習地球文化……

呼！

啾—

轟隆—

啊……
救命啊!
這是什麼
怪物?!

劈一

轟!

這怪東西居然會
發電?!

痛死了!

站住！

可惡，把車賠給我們！

布拉拉就這樣被留在地球上……

做快點！你要做25年家務，才能還清欠我們的買車錢！

我真命苦啊……

目錄

為什麼植物是綠色的？

吃飯了！我們今天吃什麼？

小淘，這種綠色的東西是什麼？

這是菠菜啦！它是一種植物。

為什麼植物是綠色的呢？

呃……

一個小問題就把你難倒了嗎？

有問題要請教高人嘛！

篤篤！你給布拉拉解釋一下吧！

是叔叔，發音要正確！

在植物的葉子裏有許多微小的綠色顆粒，叫做葉綠體。

植物體內還有其他色素，例如紅色和橙黃色的類胡蘿蔔素（包括胡蘿蔔素和葉黃素）。在春夏兩季，植物的生長活動較旺盛，體內的葉綠素居多，因此看上去是綠色的。

原來果皮上也有葉綠素。

我們人多，哈哈哈！

不只樹葉含有葉綠素，許多未成熟的水果表皮也有葉綠素，因此它們看上去和葉子一樣都是綠色的。

到了秋天，葉綠素在氣溫下降等因素的影響下會被分解，含量減少，而原先被葉綠素掩蓋的類胡蘿蔔素的顏色便顯現出來，這樣有些樹葉看起來就是紅色、橙色和黃色了。

為什麼小種子可以長成大樹？

篤篤！

是叔叔！我都說了多少遍了⋯⋯

叔叔，你在做什麼？

我在給樹苗澆水啊。

這麼小的苗，怎麼可能長成大樹啊？

誰說不可能？一周前它還是這麼小的幼芽呢。

真的嗎？難道叔叔會用魔法？你是怎樣把它們變大的？

15

不是我變的，這是植物的神奇之處！

種子在種下之前一直處於沉睡的狀態。埋入泥土後，種子從土壤中吸收氧氣、水分和其他營養，漸漸蘇醒過來，並開始生長。當種子脫掉種皮後，便會發芽並鑽出土壤，成為幼苗。

在生長過程中，幼苗體內的細胞會不斷分裂，使幼苗體積變大，生長成幼樹，又從幼樹逐漸成長為大樹。

樹苗會通過樹根從土壤中吸收養分，不斷長高。

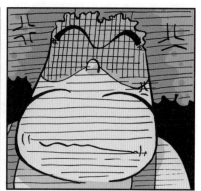

為什麼植物的根向下生長，莖卻向上生長？

叔叔，既然養分在土壤裏，為什麼植物生長時會從地面鑽出來呢？

因為植物同樣需要陽光和空氣來生長，這些也是必要的生長條件。

可是地下沒有陽光和充足的空氣，為什麼植物的根會向下生長呢？

這和蘋果會從樹上掉下來是同一個道理。

植物的根在生長時會受到地心吸力的作用，所以會向下生長，這叫做植物的「向地性」。

此外，如果土壤中某一處的肥料比較豐富，植物的根也會向着肥料所在的方向伸展，這叫做植物的「向化性」。

植物的生長需要養分，這種養分的原料來自陽光、水和空氣中的二氧化碳。植物將三者吸收後，在體內合成為養分，這個過程稱為「光合作用」。植物為了完成光合作用，它們的莖會向上生長，這叫做植物的「向光性」。

為什麼花朵是五顏六色的？

叔叔，我們去中心花園玩吧！

我今天沒空，要去約會哦！

真可惜，聽說今天中心花園要舉辦模特兒大賽呢！

真的？

我要去！

好美啊！

這些美麗的東西全都叫作花朵嗎？

是啊！

但為什麼它們的顏色都不一樣呢？

這個問題，就讓見多識廣的叔叔來為你解答吧！

不少花朵的顏色在紅、紫、藍之間變化，這是因為它們的細胞液裏都含有一條「變色龍」——花青素，它是構成花瓣顏色的主要色素之一。

當細胞液呈酸性的時候，花瓣呈現紅色，酸性越強，顏色越紅。

當細胞液呈鹼性的時候，花瓣呈現藍色，鹼性越強，藍色越深。而當細胞液呈中性的時候，花瓣則呈現紫色。

葉綠素

花青素

有些花朵呈現黃色和橙色，這是因為花瓣含有類胡蘿蔔素；至於白色花，則是花瓣不含色素的緣故。

原來如此！

啊啊啊

對了，模特兒大賽在哪裏呢？

啊！我忘了說，它是在早上舉辦的，早就結束了！

哈哈

為什麼植物的葉子會變黃？

作為一個劍客，每當我看到秋葉繽紛散落的景象，心中總不免生出英雄遲暮的感慨。

叔叔，別在這裏演戲了。我想知道為什麼樹葉在秋天會變黃。

請讓開。

你就不能配合我一下的嗎？

　　樹葉除了含有葉綠素外，還有胡蘿蔔素、葉黃素等橙色或黃色的色素，只是它們的數量比葉綠素少。

葉綠素
葉黃素
胡蘿蔔素

　　隨着葉綠素的含量逐漸減少，其他色素的顏色就會在樹葉上漸漸顯現出來，於是樹葉呈現出枯黃的顏色。

　　製造葉綠素需要適度的陽光和溫度。到了秋天，白天變短，天氣轉涼，樹木不能像春夏時分般製造出大量的葉綠素，原有的葉綠素也會逐漸分解。

為什麼花朵會有香味？

什麼東西這麼香？

不是我，那是花香啦！

花朵為什麼會散發香味？

那是因為花裏有芳香油。

大部分的花瓣中都含有油細胞，這些細胞會不斷分泌出芳香油。開花的時候，芳香油會隨着水分一起蒸發出來，所以我們能聞到香味。

有一些品種在晚上開花，如夜來香等，會隨着晚上空氣濕度增加而張大氣孔，香味便會更濃。有些花不含油細胞，但花瓣中含有配糖體，經酵素分解後也會產生香味。

不同種類的花分泌芳香油、分解配糖體的能力都不同，所以有些花的香味濃烈，有些花的香味清淡。一般而言，顏色較淺的花朵香味較濃，顏色較鮮豔的花朵香味較淡。

花朵的香味還可以吸引昆蟲來傳播花粉，從而達到傳宗接代的目的。

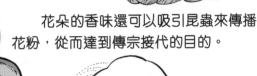

看在你這麼香的份上，我就幫你這個忙吧。

哦，原來花朵的香氣是這樣來的。

叔叔，我們都站了兩小時了，可以回家了嗎？

等一下！

嗨——美女！真巧，我們又見面了！

為什麼向日葵會追着太陽轉動？

向日葵？我在書上見過，它的花應該是一直朝着太陽的呀！

對呀，現在太陽在西邊呢⋯⋯

向日葵的花盤為什麼朝向東邊呢？

其實只有未成熟的向日葵，才會跟着太陽轉動。

向日葵的莖部有一種奇特的生長素，一遇到光線的照射，它就會「溜」到背光的一面。

陽光最可怕了。

生長素

生長素會刺激細胞生長，因此背光一面的生長速度較快。

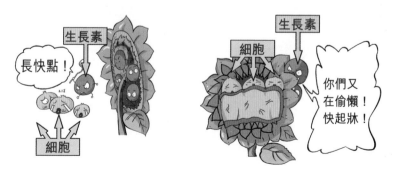

生長素

長快點！

細胞

生長素

細胞

你們又在偷懶！快起牀！

隨着陽光照射位置的變化，生長素在莖中的位置不斷改變，向日葵的莖就會追着太陽轉動了。

老了，跑不動了。

但當花盤盛開後，向日葵體內的生長素減少，莖就會停止生長，因此就不會再隨着太陽轉動。

啪！

怎麼了？

誰准你們進來的？

對不起，對不起，是這幾個小孩想參觀⋯⋯

為什麼成熟的果實會掉下來？

我們到樹下休息一會吧。

好啊！

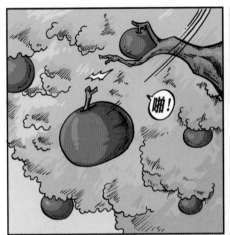

咻！

咚

怎麼回事？

咚

是誰？站出來！

不妙！

你別生氣，剛才砸中你的是蘋果，它們成熟後就會從樹上掉下來。

當果實成熟時，果柄與樹枝相連的地方會形成一層叫作「離層」的東西。它如同一道屏障，隔斷了植物對果實的營養供應。

離層

此時，果柄上的細胞開始衰老，使果柄逐漸老化並脫離樹枝。這樣，在地心吸力的作用下，果實就紛紛落地了。

所以，蘋果掉下來不是跟你過不去啦！

咚

牠們算是和我過不去了吧！

咻

別走！把蘋果樹賠給我！

為什麼樹林裏會比較涼快？

唧唧唧唧

熱死了……

很熱！

我不行了……

地球的天氣太糟糕了。

你們再堅持一下吧，前面有片樹林……

啊，很涼快！

得救了！

為什麼樹林裏會這麼涼快呢？

在陽光的照射下，植物的水分會被蒸發出來。

水分蒸發時會把空氣中的熱量帶走。

樹林中有很多植物，蒸發的水分越多，帶走的熱量就越多，因此會越涼快。

很口渴……

我也是……

嘩啦

嘩啦

唔

轟轟

為什麼蓮花出淤泥而不染？

我的裙子和蓮花一樣漂亮呢。

南南，你為什麼不穿印有楊樹樹葉圖案的裙子呢？這也很好看呀！

因為蓮花「出淤泥而不染」啊，它們出自淤泥，卻能保持潔淨。

那為什麼蓮花出淤泥而不染呢？

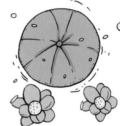

蓮葉的表面有很多微小凸塊，而且布滿蠟質結晶，這使蓮葉具有疏水性，水與蓮葉表面的接觸角大於140度，容易形成水珠。

就讓你們無所不知的叔叔來解答這個問題吧！

只要葉面稍為傾斜，水珠就會帶着灰塵、污泥的顆粒一起滾落，達到自我清潔的效果。

現在知道為什麼蓮花出淤泥而不染了吧？

叔叔，這叫什麼船？竟然是圓形的！

樹木落葉、花朵凋謝

　　樹葉掉落與花朵凋謝，就像人類的頭髮會脫落一樣，都是細胞逐漸老化造成的。入秋以後，低溫破壞了葉綠素，葉片的光合作用能力降低，葉柄與樹枝相連的部分會產生離層，隔斷了葉片和樹身之間的水分和養分流通，最終樹葉便會老化枯萎，從樹上掉落。而花朵在盛開之後，花瓣和花柄基部也會逐漸產生離層，花朵便會逐漸枯萎脫落。

考考你

樹葉在秋天落下，對樹木有什麼好處呢？

參考答案：在秋天乾旱的天氣下，樹葉掉落後，樹木能減少體內水分的流失，另
外落葉還能減少根部的負擔，讓樹木生長得更茁壯。

為什麼曇花只在晚上開花？

呵欠

曇花一現，這麼難得的事，你竟然打瞌睡！

呵欠

都怪這朵曇花，非要在半夜裏開花不可！

這種花為什麼只會在晚上開花呢？

曇花的這個特性是經過長時間演化所得的結果。

曇花原產於美洲墨西哥的熱帶沙漠中，那裏的氣候很乾燥，白天氣溫高，水分蒸發量很大，因此曇花得不到足夠的水分來開花。為了減少水分蒸發，曇花漸漸選擇在氣溫較低的晚上開花。

另一方面，沙漠裏的晝夜溫差較大，晚上八、九時前的高溫和凌晨的低溫都不利於開花，所以曇花通常選擇在這兩段時間之間盛開。

嘩！

噗

哎呀，被三個男生看見我在便便的樣子了……

可惡！

為什麼榕樹可以獨木成林？

俗語説「獨木不成林」，看來也不一定嘛！

好大的樹啊！

叔叔，這……這是什麼樹啊？

想！

這是榕樹，想知道它為什麼可以獨木成林嗎？

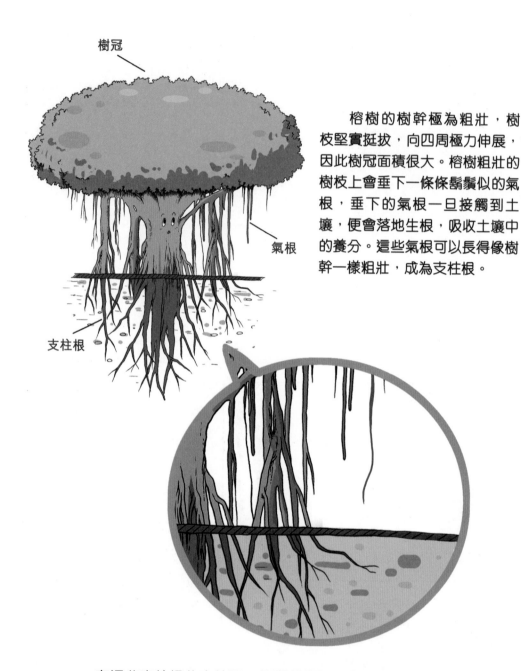

樹冠

氣根

支柱根

榕樹的樹幹極為粗壯，樹枝堅實挺拔，向四周極力伸展，因此樹冠面積很大。榕樹粗壯的樹枝上會垂下一條條鬍鬚似的氣根，垂下的氣根一旦接觸到土壤，便會落地生根，吸收土壤中的養分。這些氣根可以長得像樹幹一樣粗壯，成為支柱根。

　　在這些支柱根的支持下，榕樹的樹冠可以不斷地向外擴展，如此依着「樹冠生氣根，氣根支樹冠」的循環，最後就形成了「獨木成林」的自然奇觀。在印度便有一棵榕樹，它的支柱根數量高達4,000條呢。

好神奇的榕樹！我要撿一顆種子回去種植。

不久後……

怎麼是狗尾草？

為什麼樹幹不是呈長方形？

捉迷藏時間

一、
二⋯⋯

三、
四⋯⋯

五、
六⋯⋯

七、八、
九⋯⋯

十！

好，叔叔
要來找你
們啦！

嘿嘿

找到了！

布拉拉，你就不能藏得隱蔽些嗎？每次都那麼快便找到你，真不好玩！

都怪這些樹幹呢！

要是它們是長方形，我就不容易被發現了。

這是樹木為了生存而出現的結果呢，是很奇妙的！

生物為了生存，總是朝着能適應環境的方向演化，樹幹呈圓柱形也是為了生長的需要。

原諒我！我長成這樣也是被迫的！

一棵樹的樹枝、樹葉、果實全靠樹幹支持，尤其是一棵碩果纍纍的大樹，更需要強壯的樹幹——而圓柱形的樹幹具有最大的支撐力。

樹幹哥哥，謝謝你啊！

功臣

樹的一生難免遭受很多外來的傷害，特別是狂風的襲擊。如果樹幹是呈長方形或其他具稜角的形狀，樹木會更容易受到傷害。

快饒了我吧！

相對而言，圓柱形樹幹的抗風能力最強，大風順着圓圓的樹幹繞過去，這樣樹木便不會那麼容易被吹倒。

嗯，真舒服。

原來樹幹的形狀是有那麼多學問呢！我錯怪它了，我們繼續玩吧！

對了，怎麼沒見到小淘呢？

我來找找他吧！

嗖

找到了！他在這裏呢！

怎麼還不來找我啊？

為什麼爬牆虎能「爬牆」？

熱死了！

熱死了！

你又不會出汗，擦什麼……

那商店肯定有冷氣，我們進去逛逛吧。

這是什麼植物？

爬牆虎。

它是怎樣爬到牆上去的？

爬牆虎的藤蔓上長有很多短短的卷鬚。

看我的秘密武器！

卷鬚上有很多分枝，分枝頂端有吸盤，這些吸盤就是爬牆虎的「腳」。

大家都說你的腳多，你敢和我比嗎？

爬牆虎的吸盤遇到任何物體，都會牢牢地吸附上去。

隨着爬牆虎不斷生長，它會慢慢地爬滿一堵牆。

我們沿筆直的路，一步一步向上爬！

不好意思，我們的冷氣機壞了。

但是我沒有覺得這裏很熱啊。

因為爬牆虎依附在外面的牆壁上，遮擋了陽光，室內自然就涼快了。

對了，美女，我們是不是見過面啊？

又來了！

為什麼水草會吐氣泡？

叔叔，你看！水草吐氣泡了！

叔叔，水草為什麼會吐氣泡呢？

這個……
要讓你們
自己體會
一下。

啪

哇

哇

叔叔，你想害死
我們嗎？

你們現在明白為什麼水草會吐氣泡了吧？

不明白！

因為水草也會呼氣，所以會產生氣泡，就像你們剛才那樣。

水草在陽光照射下，可以利用葉片中的葉綠素，將二氧化碳和水合成為養分，並釋放出氧氣。

這個過程叫做光合作用，是生物界賴以生存的基礎，也是地球碳循環和氧循環的重要一環。

二氧化碳

氧氣

水

因為水草生長在水中，所以氧氣會以氣泡的形式排出，人們就會看到水草吐氣泡了。

原來如此！

快看！這個氣泡好大，下面肯定有很多水草。

這是魚呀！

為什麼仙人掌沒有葉子？

為什麼沙漠一片黃澄澄，一點綠色的東西都看不見？

啊！那裏有仙人掌！

奇怪，仙人掌是植物嗎？為什麼它不長葉子呀？

在熱帶或亞熱帶的乾旱地區，植物為了生存下去，會千方百計從土壤裏吸取水分，同時減少自身水分的消耗。

水　水　水

由於植物主要消耗水分的部位是葉子，為了減少水分蒸發，仙人掌只好改變自身的結構，葉子慢慢退化成針狀，這就是仙人掌的刺。

你是我的媽媽嗎？

仙人掌的葉子雖然退化了，但它們的莖是綠色的，可以代替葉子進行光合作用，製造出維持生命的養分。

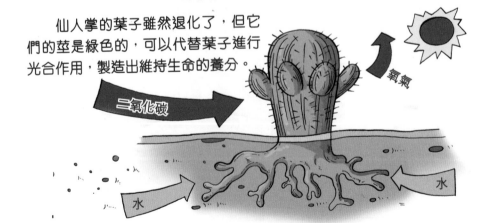

氧氣

二氧化碳

水　水

叔叔，已經第三天了，怎麼我們還未走出沙漠呀？

快了快了，跟着我走，總不會錯的。

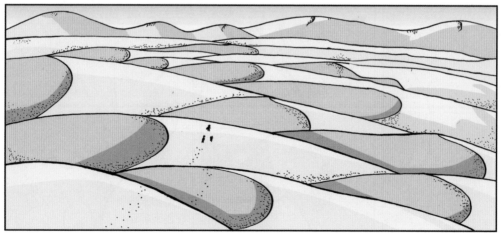

為什麼蘋果長在樹上？

啊

咦？

嗯，真好吃！

叔叔，為什麼蘋果會長在樹上呢？

蘋果樹是木本植物，屬於喬木。所謂喬木，就是人們通常所說的樹。喬木類植物的特點是樹體高大，由根部生長出獨立的主幹，樹幹與樹冠之間有明顯的區分。

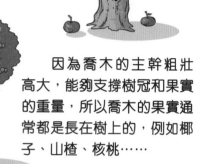

長在樹下的那些叫蘑菇！

因為喬木的主幹粗壯高大，能夠支撐樹冠和果實的重量，所以喬木的果實通常都是長在樹上的，例如椰子、山楂、核桃……

果實長在樹上的是喬木，那果實長在樹下的是什麼？

這個……

兩個笨蛋，長在樹下的是蘑菇啊！

嗚

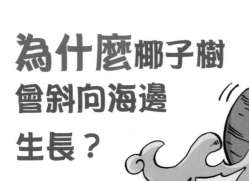

為什麼椰子樹會斜向海邊生長？

叔叔，為什麼椰子樹會斜向海邊生長的呢？

嘩啦

椰子樹為了繁衍後代，會像蒲公英及蒼耳那樣，借助外力的幫助，將自己的種子帶到四面八方，以便繁殖。

椰子樹斜向海邊生長，是為了讓椰子掉落水中，從而讓它們隨着海水漂到各處，尋找繁殖的機會。

好，正中目標！

椰子的最外面是一層硬殼，裏面包着一層厚厚的纖維，而且充滿空氣。椰子成熟落海後，會隨海水漂流到遠方。

就這樣，椰子隨着海浪被沖上沙灘和海岸，然後便生根萌芽……開枝散葉……生生不息。

嗯，椰子汁真好喝。

叔叔，我們該回家了。

我幫椰子播種去！

我也要到遠方繁殖！

植物也需要「睡覺」嗎？

哈哈哈哈！
太刺激了！

停車！

嘎——

怎麼了？

嘩！地球上竟然有那麼美麗的樹！

快走吧！我還要繼續玩「動感快車」呢！

怎麼又停下來了？

它和剛才那棵樹是一樣的呀……

但為什麼它的葉子現在合上了呢？

植物和人一樣，到了晚上都要睡覺的呀。

我們愛陽光！

植物在白天靠光合作用製造養分，獲取能量。而夜裏沒有陽光，氣溫下降，有些植物為了避免水分和熱量散失，就會把葉子或花瓣合攏，像人閉上眼睛睡着了一樣。

科學家把植物這種晝開夜合的現象稱為「睡眠運動」，像睡蓮、蒲公英、胡蘿蔔等植物都有「睡覺」的習性。

那麼，明天早上它的葉子就會張開了？

對。

好！我決定在這裏等它們張開！

我也要等！

我不要！

為什麼香蕉沒有種子？

哇！是我最愛吃的櫻桃！

我要吃大桃！

布拉拉，地球上的香蕉很好吃的哦！

要先剝皮的！

囫圇吞蕉

為什麼他倆的水果裏都有硬核，但這個叫「香蕉」的卻沒有呢？

其實香蕉是有種子的，只不過很小、很軟，容易被人忽略而已。

原來，野生的香蕉裏有很多又大又硬的種子，果肉反而很少，吃的時候很不方便。後來人們發現，有的香蕉能不經過傳粉受精而結出沒有種子的果實，這種香蕉大受歡迎。

就這樣，經過人們長時間的選擇培育，野生香蕉的品種被改良了，成為現在的樣子——果肉變多、種子退化、味道更加香甜，這跟有核西瓜被改良成無核西瓜的道理是一樣的。

咦，布拉拉呢？

喂！

那傢伙是你們家的寵物嗎？

沒有種子，吃起來就更方便！

付錢！

下次再也不帶他來了！

為什麼蓮藕會有洞？

變壞了！

又是變壞的！

布拉拉，菜切好了嗎？

你怎麼把蓮藕都扔掉了？

這些蓮藕全部都變壞了！裏面都是洞！

喂！蓮藕天生就是這個樣子的！

啊，天生就是這樣？

　　蓮藕是蓮花長在淤泥中的地下莖，由於淤泥中幾乎沒有空氣，蓮藕裏便長了一些用來呼吸的氣孔，這些氣孔與葉柄裏的小孔相連。

　　蓮花呼吸時，空氣就通過葉片，再透過這些氣孔運輸到蓮藕裏，使空氣能在整個蓮藕裏流通。

蓮藕長大後會越來越重，蓮藕裏的氣孔可以幫助它減輕重量、防止下沉，不然蓮藕在淤泥裏會越沉越深，萬一將葉子也拉進水裏，它便會無法呼吸，造成整株植物死亡。

身輕如燕

這些氣孔本來很小的，但隨着蓮藕長大，小孔逐漸膨脹成了洞。水稻和其他水生植物的莖也有孔，只不過它們沒有膨脹變大，所以看不出來。

原來這些洞的作用那麼大！

你浪費了這麼多的蓮藕，要多做一個月的家務！

不要啊！

我真命苦啊！

千姿百態的綠色生命

　　大樹、小草、灌木、藤蔓⋯⋯植物種類繁多，具有千姿百態。植物大致可分為藻類、蕨類、苔蘚植物和種子植物。種子植物又分為裸子植物和被子植物，裸子植物的種子外露，而被子植物又稱為開花植物，其種子藏在果實之中。現今世上已發現的植物種類高達30多萬種。

　　植物在我們的生活中有什麼用途呢？請說說看。

　　參考答案：植物能製造氧氣供生物呼吸，還能供作藥物和食物的重要來源。此外，植物的木頭還可以用作蓋房子的建築材料。

為什麼新疆的哈密瓜特別甜？

多吃水果對身體好呀！

哇！這個產自新疆的哈密瓜好香好甜啊！

當然啦！連民謠都這樣唱：「吐魯番的葡萄、哈密的瓜、庫爾勒的香梨人人誇」。

是因為塗了蜂蜜在哈密瓜上嗎？

這個頭腦簡單的傢伙是怎樣來到地球的？

當然不是！新疆的哈密瓜會這麼甜，是受當地氣候影響的。

新疆的氣溫高、乾旱少雨、日照時間長，因此哈密瓜能多進行光合作用，製造出更多糖分。

已經照了8小時了，再多照一會好不好？

多照陽光，糖分更多！

好啊！

為保糖分，多睡覺，少消耗。

另外，新疆的晝夜溫差特別大。氣溫很低時，植物的消耗活動減少，糖分不會被消耗很多。這樣哈密瓜的糖分就越聚越多。

在這樣的氣候條件下，不僅是哈密瓜，新疆的大部分水果都很甜呢！

嗯嗯！我知道！新疆的葡萄、梨、石榴、杏、蟠桃都特別甜！

還有櫻桃、大棗、桑葚和無花果！

大家都很聰明嘛！

布拉拉！你要把水果拿到哪裏去？

把它們拿到陽台上曬一曬，就會更甜啦！

回來！我不想吃水果乾！

為什麼棉花不算是花？

布拉拉，謝謝你帶我們來到這麼美的田野，我會考慮減少你的服役期！

真的嗎？哇哈哈！那太好啦！

這一大片鮮花，是我送給大家的禮物！

嘻嘻，棉花並不是鮮花呀！

那這個叫作「棉快」的是什麼花？

是「棉花」，它是這種植物的名字，你現在看到的其實是棉花果實裏的纖維哦！

我們通常所說的棉花，其實是棉花樹的果實的一部分。棉花樹的果實成熟後便會「爆開」，我們肉眼看到的像海綿一樣的部分屬於果肉纖維，主要用來保護種子。

我們不是花，是軟綿綿的纖維。

那棉花究竟會不會開花呢？

棉花也是先開花後結果的植物。

棉花的花朵通常為淡黃色，花朵枯萎時會變為紅色。花朵枯萎後結出的果實，稱為「棉鈴」或「棉桃」。果實成熟裂開後，那一團果肉纖維便是「棉花」。

為什麼樹木會有年輪？

這裏就是原始森林嗎？

嗯嗯！這裏有很多稀有樹種呢。

喂！你這個外星人，能不能表現得像地球人一點？你伏在樹墩上幹什麼？

這是誰做的？樹墩上面畫了好多個圓圈呢！

哈哈，那些圓圈是樹木自己長出來的！

叔叔快說，這是怎樣長出來的啊？

那些圓圈是樹木的年輪，它是樹木形成層的細胞進行規律性活動的結果。

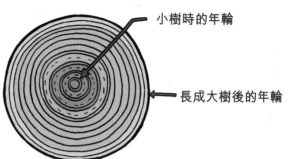

小樹時的年輪

長成大樹後的年輪

形成層是樹木中較活躍的部分，其細胞不斷分裂，使樹幹不斷變粗。春季形成層分裂快，木質疏鬆，顏色較淺；入秋後形成層分裂緩慢，木質變得密致，顏色較深；到了冬季，形成層基本上停止分裂，所以兩年之間的生長痕跡就會產生明顯的界線，在樹木的橫切面上便會呈現出一圈圈同心的圓環，這就是「年輪」。

一個年輪代表着樹木經歷了一個周期的變化。根據年輪的數目和特點，我們不僅可以知道樹木的年齡，還可以知道很多和森林有關的信息。

較寬的年輪出現時，說明樹木處於年輕力壯的時期，或者是當時的環境和氣候適宜樹木生長；如果出現偏心的年輪，說明樹木兩邊的生長環境不同，通常在陽光較充足的一面，年輪會較寬。

又過了一年，我又該多一圈年輪了。

我都記不清了，你幫我數數吧。

我的生長環境太複雜了，所以年輪不規則。

原來年輪藏有那麼多學問啊！我去數數這些樹有多少個年輪。

這個不一定完全準確。受到氣候變化等因素的影響，有些樹木會在一年內產生幾個年輪，這叫假年輪。所以用年輪來計算樹齡只能得到一個大約的數字。

那麼讓我來掃描一下叔叔的年輪。

人類才沒有那種東西呢！

為什麼「樹沒有皮，必死無疑」？

植物園

好高啊！

好漂亮啊！

好……

好粗糙的皮啊！

啊！我要把這層東西剝掉！

不可以剝掉啊！你沒聽說過「樹沒有皮，必死無疑」這句話嗎？

我聽過！但是為什麼會有這種說法呢？

那就讓我給你們講解
樹皮的作用吧。

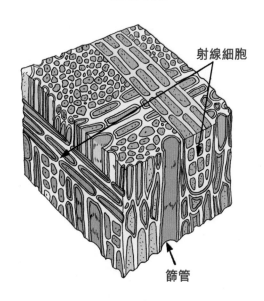

韌皮部

射線細胞

篩管

樹皮中有一層「韌皮部」，其中整齊排列着一條條細細的管道，樹木通過這些管道，可以把樹葉生產的養分運送到樹木的各個部分。

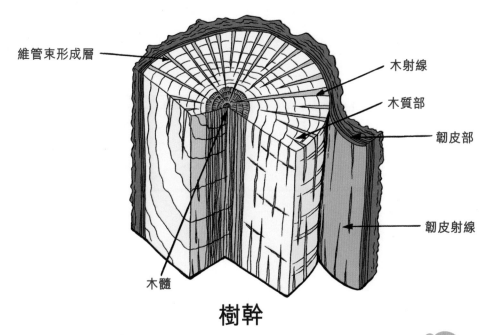

維管束形成層

木射線

木質部

韌皮部

韌皮射線

木髓

樹幹

剝掉樹皮，就等於切斷了樹木的養分管，沒有養分的話，樹木自然就活不成了。

我知道了！這就是為什麼有些樹是空心的，但是樹枝上還有綠葉。

因為樹皮還是完好無缺的！

小朋友都很聰明嘛！

那是我教導有方。

這位美女怎稱呼？

其實「樹沒有皮，必死無疑」還有後半句……

是什麼？

「人不要臉，天下無敵」！

為什麼桃樹身上會長出膠狀物？

哈！牠被黏住了。不過這個像膠似的東西是什麼？是有人塗上去的嗎？

那可不是人為的，是純天然的膠哦，專門用來對付害蟲的。

怎樣對付？毒死害蟲嗎？

毒？

無毒的，很環保！

桃樹上的黃色透明膠狀物叫作「桃膠」，是桃樹自身分泌的一種含糖黏膠。桃膠的作用是加快桃樹上的傷口癒合，同時保護桃樹不被害蟲侵犯，想吸食桃樹汁的害蟲被桃膠黏住後，便無法逃走，最後只能餓死。

很肚餓……

看來桃膠是桃樹的自衛武器呢！

不光如此，桃膠還是治病的中藥。

原來可以吃的啊！那麼我要弄下來當特產帶回去。

不行啊，你把桃膠都弄走了，桃樹就對付不了害蟲了！

為什麼蟲子討厭樟樹？

好清新的香氣呢，這附近種了什麼花嗎？

聞起來像衣櫃裏的味道。

哈啾

這個味道是樟樹發出來的,它是很多蟲子最討厭的一種樹。

真的啊,這附近一隻蟲子都沒有。

樟樹最大的功能就是可以驅蟲。

樟樹也稱樟,據稱因為樹身上的紋路很多,讓人感覺它「大有文章」,因此就在「章」字旁加一個「木」字作為它的名字。

樟樹中還有一種叫作「樟腦」的物質,它散發出來的氣味對於很多蟲子來說具有極強的刺激性,蟲子為了躲避這種氣味,都會遠離樟樹。

難怪聞起來像衣櫃裏的味道，天然樟腦丸就是用這種樹做的吧？

對，而且用樟木做的家具可以防蟲，把樟樹種在路邊還可以淨化空氣，它的功能可多了！

我真喜歡這個味道！

哈啾！我可不喜歡，這個味道怪怪的……

布拉拉你其實是隻蟲子吧？

為什麼柳樹在春天會長出白色的絨絮？

天氣真好啊！

哈啾！

嘩嘩嘩！這是什麼？自然災害？世界末日？外星生物入侵地球？

你才是外星生物呢。

哈哈，今年也有這麼多柳絮，像下雪似的。

這到底是什麼東西啊？

這叫柳絮，是從柳樹上飄下來的。

你們知道為什麼春天會柳絮飄飄嗎？

還真是不知道呢。

那就讓我來告訴你們吧，柳絮對於柳樹來說可是肩負着重要使命呢。

每年春天，柳樹的柳條上都會長出白色的絨絮，這就是柳絮。

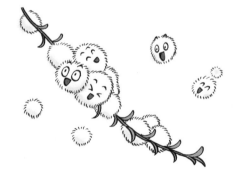

柳絮中有細小的顆粒，這些顆粒是柳樹的種子。

柳絮的絮狀絨毛就像降落傘一樣，帶着柳樹的種子乘風飛行，將種子傳播到各處。

原來柳樹就是這樣繁衍後代的。

就像蒲公英一樣。

哈啾！

為什麼松樹四季常青？

嘩——

這棵樹不就是綠色的嗎？

為什麼這棵樹還是綠色的？

因為這是松樹嘛！

為什麼松樹還是綠色的？

這和松樹自身的特性有關。

松樹能保持四季常青，主要是因為它的針形樹葉。樹葉面積越大，從樹葉蒸發流失的水分越多。所以一些樹木會用落葉的方法來減少水分流失。而松針的面積小，水分蒸發少，與其他樹木相比更不容易乾枯。

松樹在寒冷天氣下會進入休眠狀態，體內那些在秋天儲存下來的養分會轉化為防寒的脂肪，以保護樹中的細胞不被凍死。

原來這棵松樹在睡覺呢！

天然指南針——青苔

　　如果你在森林中迷路了，可以利用樹幹或石頭上的青苔來辨別方向。青苔是一種生長在陰暗潮濕環境的苔蘚類植物，青苔生長的位置是背光的一面，沒有青苔的地方就是朝陽的一面。在北半球，由於陽光偏南，北方較暗，所以布滿青苔的一面為北面，乾燥光禿的一面為南面。

　　除了青苔外，我們還可以利用什麼植物來辨別方向？

參考答案：我們可以從樹木生長的狀況來辨別方向。由於北半球陽光照射偏南，樹木面向南方的一邊生長得較茂盛，因此生長較茂密的一邊是南方，較疏落的一邊是北方。

為什麼竹子是空心的？

熊貓是什麼貓？

別急，馬上就能看到了。

牠們在吃什麼？看起來很美味啊！

那是竹子，是熊貓最愛的食物。

我也想吃……

呸！裏面什麼都沒有，一點都不好吃。

為什麼竹子中間會是空的呢？

一般植物的莖由表皮、皮層、維管束和髓組成。髓位於莖的中心。

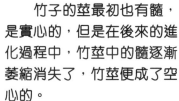

竹子的莖最初也有髓，是實心的，但是在後來的進化過程中，竹莖中的髓逐漸萎縮消失了，竹莖便成了空心的。

較粗，中央空心

對於竹子來說，這是非常有利的。如果有兩枝重量相同的支柱，中央空心而較粗的支柱比中央實心而較幼的支柱，其支持力會更強。

較幼，中央實心

同樣的道理，竹子的莖增加了皮層裏的維管束，減少了柔軟無力的髓，就變成了管狀的結構，支持力會強很多。

我是大力士！

竹子遇上狂風時，能有很強的韌性而不被吹倒，就是這個原因。

堅韌的竹子可以用來製造很多用品，例如竹水筒、竹蓆、筲箕等。

哇，好喝！

喂，不要浪費我們的糧食！

為什麼蠟梅能在冬天綻放？

誰？！

好美！

嘩，好美的
蠟梅啊！

冬天怎麼會
有樹開花？

咳咳，因為……

蠟梅耐寒，秋冬寒潮來襲，蠟梅受寒後，有利於積蓄營養。

蠟梅的生長周期與眾不同，寒冷的冬天正是它的花期。

大部分的花都在春夏季節開花授粉，蠟梅聰明地躲過這段「高峯期」，選擇在冬季借助風力傳播花粉。

長得最快的植物是什麼？

這些竹子好像長得很快啊。

是啊，上個月它們好像還沒有這麼高呢。

我看它們是受到外星飛船的輻射影響。

它們長得快跟外星人沒關係。

難不成是像叔叔一樣，偷偷用了生髮水？

別亂説！我什麼時候用生髮水了！

從日均生長的速度來看，毛竹是所有植物中生長速度最快的。當雨季到來的時候，毛竹一天能長高超過 1 米，只需約2個月的時間，便可長至20多米高，但長為成竹後就不會再長高。

從橫向生長來看，生長速度最快的是泡桐，泡桐的胸徑（樹高1.3米處的樹幹直徑）在7年間可達到50厘米。

從縱向生長來看，新幾內亞的桉樹也值得一提：在生長階段，它每年能長高8米，最高可長到100米以上。

為什麼牽牛花是喇叭形的？

南南！我們回來啦！

正好，我種的牽牛花開花了，快來看看吧！

這種花好像喇叭啊。

它叫牽牛花，也叫作喇叭花。

它的花為什麼會長成喇叭形呀？

那是為了讓蜜蜂傳播花粉。

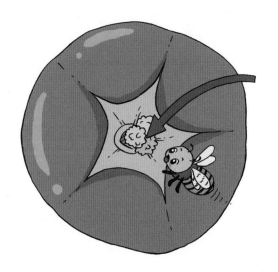

牽牛花的花瓣顏色自外向內逐漸變淺或變深，這種顏色的漸變像指示牌一樣，可以引導蜜蜂進入花朵。

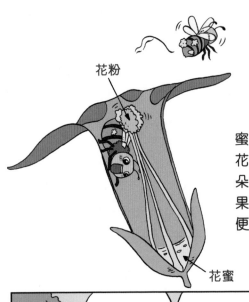

花粉

花蜜

牽牛花呈喇叭狀，狹窄的空間使蜜蜂在採花蜜時無可避免地沾到花粉；花蜜隱藏在花朵深處，又使蜜蜂待在花朵裏的時間較長，這樣可以確保授粉效果。採完蜜的蜜蜂再飛到下一朵花上，便能將花粉傳播到其他花朵中。

原來是這樣。

牽牛花好聰明啊！

嘩！有怪物！

為什麼銀杏樹被稱為植物裏的「活化石」？

咦？這是什麼？像小扇子一樣。

是銀杏樹葉，真美！

看！周圍都是銀杏樹。

你們知道嗎？銀杏樹可是植物界中的「活化石」呢！

為什麼這麼説呢？

銀杏樹是一種十分古老的樹，早在恐龍誕生前就出現在地球上。

寒武紀

石炭紀

侏羅紀

我在這裏哦！

銀杏樹最早出現在3.55億年前的古生代石炭紀，比恐龍所生活的中生代侏羅紀（約2億年前）還要早1億多年。

在侏羅紀，銀杏樹和稱霸世界的恐龍一樣遍布世界各地。

後來，地球進入冰河時期，絕大部分的銀杏樹像恐龍一樣滅絕了，殘留的結構成為印在石頭裏的植物化石。

所以銀杏樹是「世界第一活化石」。

中國現存的銀杏樹則成為了研究古代銀杏的活教材。

銀杏的種子很美味，有強身健體的功效，人們稱之為白果。

雖然很好吃，但是……

布拉拉，你怎麼了？

我吃了點白果……

叔叔，白果有毒嗎？

嗯，白果吃多了會中毒。

你吃了多少？

我把這裏的白果都吃掉……

你居然連樹葉都不放過……

為什麼許多豔麗的蘑菇會有毒？

叔叔，我們摘了很多漂亮的蘑菇呀！

對，很多漂亮的蘑菇都具有毒性！

不少蘑菇在生長過程中吸收了很多**毒素**，而部分有毒的蘑菇的顏色都十分鮮豔。

我很漂亮，但我有毒。

看起來好像很危險。

在生物界裏，這樣的顏色叫做「警示色」。動物一旦「領教」過此類蘑菇後，便會在鮮豔的顏色和「有毒」之間建立關聯性，以後就再也不敢吃類似的蘑菇了。這是有毒的蘑菇在進化過程中形成的一種自我保護機制。

不可以吃我們哦。

但是，我們不能單靠蘑菇的顏色和外觀來分辨它們是否有毒。事實上外表普通、色彩不鮮豔的白毒鵝膏菌（又名白毒傘）具極強毒性，而很漂亮的橙蓋鵝膏菌則是非常美味可口的食用菇。

我們既漂亮，又可以食用。

總之記住一句話，千萬不要在野外自行採摘野菇進食。

這是什麼？

嘩，好漂亮的蘑菇啊！

為什麼山越高，植物越少？

好了，我們出發吧！

大家加油！一定要爬到山頂！

到處都是石頭，我的腳好疼啊。

為什麼周圍的植物越來越少了呢？山頂看起來連一棵植物都沒有。

因為我們現在身處高山上嘛。山越高，植物越少啊。

為什麼？

你們就不能先讓我歇一會嗎？

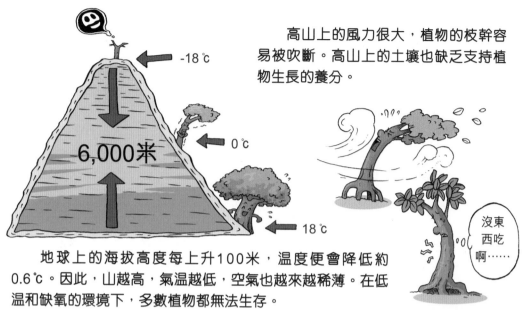

高山上的風力很大，植物的枝幹容易被吹斷。高山上的土壤也缺乏支持植物生長的養分。

地球上的海拔高度每上升100米，溫度便會降低約0.6℃。因此，山越高，氣溫越低，空氣也越來越稀薄。在低溫和缺氧的環境下，多數植物都無法生存。

水蜜桃

　　水果是開花植物的子房長成的果實。水果味道甜美，你最喜歡哪一種水果呢？一起來摺出一個美味的水蜜桃吧！

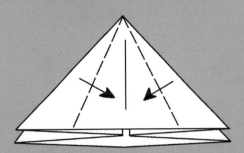

1. 先準備一張正方形紙，再摺成雙三角形，然後將兩邊向中心摺，背面相同。

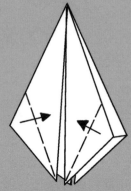

2. 沿圖中虛線將兩邊往中心摺，背面相同。

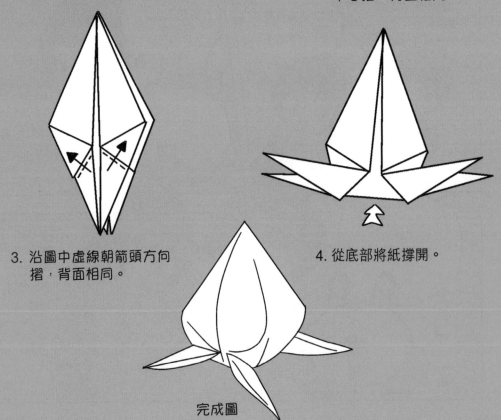

3. 沿圖中虛線朝箭頭方向摺，背面相同。

4. 從底部將紙撐開。

完成圖

科普漫畫系列

趣味漫畫十萬個為什麼：植物篇

編　　繪：洋洋兔
責任編輯：陳志倩
美術設計：陳雅琳
出　　版：新雅文化事業有限公司
　　　　　香港英皇道 499 號北角工業大廈 18 樓
　　　　　電話：（852）2138 7998
　　　　　傳真：（852）2597 4003
　　　　　網址：http://www.sunya.com.hk
　　　　　電郵：marketing@sunya.com.hk
發　　行：香港聯合書刊物流有限公司
　　　　　香港荃灣德士古道220-248號荃灣工業中心16樓
　　　　　電話：（852）2150 2100
　　　　　傳真：（852）2407 3062
　　　　　電郵：info@suplogistics.com.hk
印　　刷：中華商務彩色印刷有限公司
　　　　　香港新界大埔汀麗路 36 號
版　　次：二〇一八年九月初版
　　　　　二〇二四年八月第六次印刷

ISBN: 978-962-08-7124-5
Traditional Chinese edition © 2018 Sun Ya Publications (HK) Ltd.
18/F, North Point Industrial Building, 499 King's Road, Hong Kong
Published in Hong Kong SAR, China
Printed in China

本書中文繁體字版權經由北京洋洋兔文化發展有限責任公司，
授權香港新雅文化事業有限公司於香港及澳門地區獨家出版發行。